Der Verbraucherbauvertrag nach BGB. Die Reform des Bauvertragsrechts der kaufrechtlichen Mängelhaftung

Timm Jens Rotermund

Bibliografische Information der Deutschen Nationalbibliothek:

Die Deutsche Nationalbibliothek verzeichnet diese Publikation in der Deutschen Nationalbibliografie; detaillierte bibliografische Daten sind im Internet über http://dnb.d-nb.de abrufbar.

ISBN: 9783346326782
Dieses Buch ist auch als E-Book erhältlich.

© GRIN Publishing GmbH
Nymphenburger Straße 86
80636 München

Druck und Bindung: Books on Demand GmbH, Norderstedt Germany
Gedruckt auf säurefreiem Papier aus verantwortungsvollen Quellen

Das vorliegende Werk wurde sorgfältig erarbeitet. Dennoch übernehmen Autoren und Verlag für die Richtigkeit von Angaben, Hinweisen, Links und Ratschlägen sowie eventuelle Druckfehler keine Haftung.

Das Buch bei GRIN: https://www.grin.com/document/976545

Der Verbraucherbauvertrag nach BGB

Semester: Wintersemester 2019/20

Fach: Baumanagement

Studiengang:
Wirtschaftsingenieurwesen Bau

Name:
Timm Rotermund

Der Verbraucherbauvertrag nach BGB

Die vorliegende Facharbeit „Der Verbraucherbauvertrag nach BGB" ist im Rahmen des Bachelorstudiengangs Wirtschaftsingenieurwesen Bau, im 5. Semester als Prüfungsleistung für das Modul Baumanagement von Timm Jens Rotermund geschrieben worden und beschäftigt sich im Wesentlichen mit dem im Jahr 2018 in Kraft getretenen Verbraucherbauvertrag.

Der erste Teil der Facharbeit beschäftigt sich mit der Reform des Bauvertragsrechts und der Änderung der kaufrechtlichen Mängelhaftung. Zu Beginn soll geklärt werden, auf welcher Grundlage es zu der Reform des Bürgerlichen Gesetzbuchs zum 01.01.2018 kam und welche gesetzlichen Änderungen und Neuerungen in dessen Rahmen durchgeführt worden sind.

Darauf aufbauend, wird im zweiten Teil der Facharbeit der aus der Reform hervorgehende Verbraucherbauvertrag genauer vorgestellt. Zunächst wird klargestellt, was ein Verbraucherbauvertrag ist, wann dieser gilt und welche Regelungen mit dem neuen Vertragstypus geltend sind. Besonders wird auf die verbraucherschützenden Maßnahmen eingegangen.

Während der gesamten Facharbeit wird sich dicht an das Regelwerk des Bürgerlichen Gesetzbuchs gehalten.

1 Glossar

Abs.:	Absatz
B2B:	Business to Business – Die Geschäftsbeziehung zwischen zwei Unternehmen.
B2C:	Business to Consumer – Die Geschäftsbeziehung zwischen einem Unternehmen und einem Verbraucher als Konsumenten.
Bauvertrag:	„…ist ein Vertrag über die Herstellung, die Wiederherstellung, die Beseitigung oder den Umbau eines Bauwerkes, einer Außenanlage oder eines Teils davon."[1]
Besteller:	Der Besteller ist im Baurecht der Auftraggebende und Empfänger der Leistungen
BGB:	Bürgerliches Gesetzbuch
BGBEG:	Einführungsgesetz zum Bürgerlichen Gesetzbuche
BMJV:	Bundesministerium der Justiz und für Verbraucherschutz
Ebd.:	Ebenda
ff.:	Plural für folgende
Gläubiger:	Die Person, die dem Schuldner glaubt, eine von ihm geschuldete Leistung zu erlangen. Der Gläubiger befindet sich in der Lage eine Leistung vom Schuldner abzuverlangen.[2]
Kodifizierung:	Die Sammlung und Aufnahme von Normen in ein nachschlagbares, schriftliches Regelwerk.
n.F.:	neue Fassung, Neufassung
Nr.:	Nummer

---

[1] § 650a Abs. 1 S. 1 BGB

[2] Vgl. § 631 Abs. 1 BGB

Reform: Die planvolle Umgestaltung bestehender Verhältnisse, Systeme oder Regelwerke.

S.:   Seite

Schuldner: Eine Person, die aufgrund eines Schuldverhältnisses dazu verpflichtet ist, einer anderen Person, dem, Gläubiger, eine Leistung zu erbringen.[3]

Unternehmer: „…eine natürliche oder juristische Person oder eine rechtsfähige Personengesellschaft, die bei Vertragsabschluss eines Rechtsgeschäfts in Ausübung ihrer gewerblichen oder selbstständigen beruflichen Tätigkeit handelt."[4]

Verbraucher: „…eine natürliche Person, die ein Rechtsgeschäft zu Zwecken abschließt, die überwiegend weder ihrer gewerblichen noch ihrer selbstständigen beruflichen Tätigkeit zugerechnet werden können."[5]

Vgl.:   Vergleich, vergleiche

Werk: Ein durch die Herstellung oder Veränderung einer Sache herbeizuführender Gegenstand.

Werkvertrag: Ein Vertrag durch den sich der Unternehmer zur Herstellung eines versprochenen Werkes gegenüber dem Besteller zur Entrichtung der vereinbarten Vergütung verpflichtet.[6]

---

[3] Vgl. § 631 Abs. 1 BGB

[4] § 14 Abs. 1 BGB

[5] § 13 BGB

[6] Vgl. § 631 Abs. 1 BGB

2 Abbildungsverzeichnis

3 Tabellenverzeichnis

4 Reform des Bauvertragsrechts und Änderung der kaufrechtlichen Mängelhaftung

Im nachfolgenden Kapitel wird zur Einleitung in die Thematik auf die Reform des Bauvertragsrechts zum 01.01.2018 eingegangen. Es wird geklärt, wie es zu der Reform kam, zu welchen Änderungen und Neuerungen es kam und wie das neue Bauvertragsrecht anzuwenden ist. Die im Bauvertragsrecht geltenden Vertragstypen werden miteinander vergleichen, um eine Abgrenzung der Vertragsarten sichtbar zu machen.

4.1 Bauvertragsrecht seit dem 01.01.2018

Die Baubranche ist einer der größten und wichtigsten Wirtschaftszweige in der Bundesrepublik Deutschland, welcher sich in den vergangenen Jahrzehnten stetig weiterentwickelte.[7] Das Baurecht hingegen hat sich nur teilweise parallel weiterentwickelt und wurde zu einer komplexen Spezialmaterie, welche für den Rechtsanwender nur noch schwer zu überblicken war. Für die Komplexität der heutigen Bauverträge, welche sich durchaus auf eine längere Erfüllungszeit erstrecken, ist die zuvor geltende Rechtsprechung nicht mehr zeitgemäß und unzureichend detailliert gewesen.[8]

Mit den Gesetzen zur Reform des Bauvertragsrechts und zur Änderung der kaufrechtlichen Mängelhaftung, welche am 01. Januar 2018 in Kraft getreten sind, hat der Gesetzgeber die wohl größte Reform des Werkvertragsrechts seit dem Inkrafttreten des BGB durchgeführt.[9] Die Reform beabsichtigte eine grundlegende Reform und Neukodifizierung des Bauvertragsrechts.

Bis Ende 2017 kannte das Gesetz für sämtliche am Bau geschlossenen Verträge nur einen einheitlichen Werkvertrag. Gekennzeichnet ist der Werkvertrag dadurch, dass der Unternehmer sich verpflichtet, ein versprochenes Werk gegen Zahlung einer Vergütung des Bestellers herzustellen. Vertragstypisch ist der Gegenstand des Werkvertrags sowohl die Herstellung oder Veränderung einer Sache, als auch der durch die Arbeit herbeizuführende Erfolg.[10]

Das geltende Werkvertragsrecht ist mit Blick auf die vielen unterschiedlichen Vertragsgegenstände zu allgemein gehalten und nicht für die komplexen Bauverträge der heutigen Zeit ausreichend detailliert. Viele wesentliche Fragen des Bauvertragsrechts sind nicht im Werkvertragsrecht gesetzlich geregelt, sondern der Vereinbarung der Parteien und der Rechtsprechung überlassen gewesen.[11] Das Fehlen klarer gesetzlicher Vorgaben erschwerte eine interessengerechte und ökonomisch sinnvolle Gestaltung und Abwicklung von Bauverträgen.[12]

---

[7] siehe Anlage „Unternehmen in Deutschland nach Wirtschaftszweige 2017"

[8] Vgl. (Deutsche Bundesregierung, 2016, S. 1)

[9] Vgl. (Herzog, 2018, S. 524)

[10] Vgl. § 631 Abs. 1-2 BGB

[11] Vgl. (Deutsche Bundesregierung, 2016, S. 24)

[12] (Deutsche Bundesregierung, 2016, S. 24)

Einer konfrontativen Vertragskultur mit unklaren oder unvollständigen Ausschreibungen und intransparenten Kalkulations- und Abrechnungspraktiken soll durch die Reform zum Jahresbeginn 2018 Vorschub verschaffen.[13] Die Reform des Bauvertragsrechts und der Änderung der kaufrechtlichen Mängelhaftung beabsichtigen eine grundlegende Reform und Neukodifizierung des Bauvertragsrechts.

Sie ergänzt das Werkvertragsrecht um folgende spezielle Regelungen für:

- Bauverträge,
- Verbraucherbauverträge und
- Architekten- sowie für den Ingenieurvertrag.

Es kommt zu einer Unterscheidung zwischen dem Werkvertrag, Bauvertrag und einem Verbraucherbauvertrag. Die Vertragstypen unterscheiden sich hinsichtlich der Rechtsgrundlage und der anzuwendenden Regelungen.

Tabelle 4-1: Die Vertragstypenunterscheidung nach der Reform[14]

Werkvertrag § 631 BGB	
Bauvertrag § 650a BGB	Verbraucherbauvertrag § 650i BGB

Welcher Vertragstyp im konkreten Fall vorliegt, ist maßgeblich davon abhängig, welche Vertragsparteien den Vertrag abschließt, welchen Umfang und Komplexität das Bauvorhaben hat und welche Art von auszuführender Bauleistung vorliegt.[15]

Tabelle 4-2: Unterscheidung der einzelnen Vertragstypen und deren Anwendungsbereich.[16]

Vertragstyp	Werkvertrag	Bauvertrag	Verbraucherbauvertrag
Definition	§ 631 BGB	§ 650a BGB	§ 650i BGB
Parteien	B2C, B2B	B2C, B2B	B2C
Leistung	Werk	• Herstellung • Wiederherstellung • Beseitigung • Umbau eines Werks oder Außenanlage oder Teile	Bau eines neuen Gebäudes oder erhebliche Umbaumaßnahmen an bestehenden Gebäuden
Normen	§§ 631ff. BGB	§§ 631ff. BGB §§ 650a-h BGB	§§ 631ff. BGB §§ 650a-h BGB §§ 650i-o BGB

---

[13] Vgl. (Deutsche Bundesregierung, 2016, S. 24)

[14] Vgl. (Kanzlei am Steinmarkt, 2017, S. 1)

[15] Vgl. §§ 650a, 650i BGB

[16] Vgl. (Kanzlei am Steinmarkt, 2018, S. 13)

Dem auf eine längere Erfüllungszeit angelegten Bauvertrag soll insbesondere durch folgende-Regelungen Rechnung getragen werden:

- Einführung eines Anordnungsrechts des Bestellers einschließlich Regelungen zur Preisanpassung bei Mehr- oder Minderleistungen
- Änderung und Ergänzung der Regelungen zur Abnahme sowie die Normierung einer Kündigung aus wichtigem Grund

Darüber hinaus werden für Bauverträge von Verbrauchern im privaten Baurecht folgende Regelungen ergänzt:

- die Baubeschreibungspflicht des Unternehmers
- Zur Pflicht beider Parteien, eine verbindliche Vereinbarung über:
    - die Bauzeit und/oder des Fertigstellungszeitpunktes
    - das Recht des Verbrauchers zum Widerruf des Vertrags
    - die Obergrenze für Abschlagszahlungen
- Regelungen zum Vertragsabschluss
- Verbraucherrechte durch:
    - Wegweisungen, wie der Bauherr und Unternehmer zu einvernehmlich guten Lösungen kommen können
    - das Recht zum Widerruf innerhalb von 14 Tagen nach Vertragsabschluss
- Transparenz durch die Pflicht der:
    - detaillierten Baubeschreibung
    - Bauzeitvereinbarung
    - Unterlagenherausgabe
- Rechtssicherheit und Rechtsklarheit durch die:
    - neue Gliederung des Gesetzes
    - Möglichkeit zur Kündigung aus wichtigem Grund
    - Schriftformerfordernis für Kündigungen von Bauverträgen
- gesetzliche Regelungen der Ein- und Ausbaukosten bei Sachmängeln[17]

Im weiteren Verlauf der vorliegenden schriftlichen Ausarbeitung wird besonders auf den Verbraucherbauvertrag und deren zum Werkvertrag und Bauvertrag ergänzenden Regelungen eingegangen und genauer erläutert.

---

[17] Vgl. (Bundesministerium der Justiz und für Verbraucherschutz, 2018) & (Haufe, 2018)

5   Der Verbraucherbauvertrag

Seit dem 01. Januar 2018 gilt das neue Bauvertragsrecht. Neben sämtlichen Gesetzesänderungen wurde das Bürgerliche Gesetzbuch um einen neuen Vertragstypus, dem Verbraucherbauvertrag ergänzt. Durch die Regelungen des Verbraucherbauvertrags sind die formalen Anforderungen an alle Unternehmer, die für einen Verbraucher bauen erhöht worden, wie sich nachfolgend zeigen wird. Insbesondere wird der Verbraucherschutz in der Baubranche erhöht und durch eine Vielzahl von Vorschriften geprägt. § 650i BGB regelt erstmals den Verbraucherbauvertrag. Dabei handelt es sich um einen besonderen Vertragstypus, mit dem der deutsche Gesetzgeber eine Verbesserung des Verbraucherschutzes über den europäischen Schutzstandard hinaus bezweckt.[18]

Als Vertragsgrundlage setzt § 650i BGB einen Vertragsabschluss zwischen einem Unternehmer und einem Verbraucher als Besteller voraus (B2C-Geschäftsverkehr). Ein Verbraucher kann jede natürliche Person sein, die den Vertrag zu Zwecken abschließt, die überwiegend weder zu ihrer gewerblichen noch zu ihrer selbständigen beruflichen Tätigkeit zugerechnet werden können.[19]

Der Gegenstand des Verbraucherbauvertrags ist auf umfangreiche Bauvorhaben beschränkt. Bei dieser Art von Bauvorhaben sieht der Gesetzgeber den Verbraucher als meist geschäftsunerfahren an und somit als besonders schutzbedürftig.[20] Es ist keine Seltenheit das der Verbraucher außerordentlich hohe finanzielle Aufwendungen hat, woraus ein erhöhtes oder gar existenzbedrohendes Risikopotential resultiert.

Ergänzend zu den Regelungen des Werkvertragrechts und Bauvertragrechts soll der Verbraucher durch folgende Punkte geschützt werden:

- Baubeschreibung, § 650j BGB
- Gesetzliche Vorgaben zum Vertragsinhalt, § 650k BGB
- Widerrufsrecht des Verbrauchers, § 650l BGB
- Beschränkung von Abschlagszahlungen, Sicherung des Vergütungsanspruchs, § 650m BGB
- Erstellung und Herausgabe von Unterlagen, § 650n BGB
- Unabdingbarkeit verbraucherschutzrechtlicher Bestimmungen, § 650o BGB

Der Vertragstypus wird mit den §§650i-650o BGB geregelt.

---

[18] (Derkum, 2019)

[19] § 13 BGB

[20] Vgl. (Derkum, 2019)

5.1 Verbraucherbauvertrag

Aus dem § 650i Abs. 1 BGB geht hervor, dass besondere Schutzvorschriften für Verbraucher als Bauherrn gelten.

Nach der gesetzlichen Definition sind Verbraucherbauverträge:

„…Verträge, durch die der Unternehmer von einem Verbraucher zum Bau eines neuen Gebäudes oder zu erheblichen Umbaumaßnahmen an einem bestehenden Gebäude verpflichtet wird."

Die im § 650i Abs. 1 genannten „erheblichen Umbaumaßnahmen" sind solche, die mit dem Bau eines neuen Gebäudes vergleichbar sind, beispielsweise Baumaßnahmen, bei denen lediglich die Fassade eines alten Gebäudes erhalten bleibt.[21] Daher unterliegen typische Renovierungs- und Instandsetzungsarbeiten nicht der Regelung des Verbraucherbauvertrags.

Es lässt sich schlussfolgern, dass jeder Unternehmer der planmäßig und dauerhaft gegen Entgelt für einen Verbraucher für private Zwecke einen Neubau errichtet oder ein Bestandsgebäude erheblich umbaut der Regelung des Verbraucherbauvertrags unterliegt und diese zwingend einzuhalten hat.[22] Verpflichtet werden damit faktisch wohl vor allem Generalunternehmer und Generalübernehmer, die sich auf den Verbrauchermarkt spezialisiert haben sowie Fertighaushersteller.[23]

Ein Verbraucherbauvertrag findet nur dann seine Anwendung, wenn sich die Herstellungspflicht des Unternehmers auf das Gebäude bezieht. Folglich sind die Schutzvorschriften des Verbraucherbauvertrages nur dann anwendbar, wenn sämtliche Leistungen aus einer Hand angeboten werden. Dies trifft bei Generalunternehmer- und Generalübernehmerverträgen zu.[24]

Sollte der Verbraucher für das Bauvorhaben mehrere Unternehmer zur Errichtung oder zum Umbau eines Gebäudes beauftragen, unterliegen diese Verträge nicht den Schutzvorschriften des Verbraucherbauvertragsrechts.[25]

Allgemein kommt es zu keinem Verbraucherbauvertrag, wenn nur einzelne Gewerke oder die Außenanlage (um-)gebaut wird. Hierfür werden andere Vertragsarten wie der Bauvertrag (§ 650a BGB) angewandt.

Der Verbraucherbauvertrag ist verpflichtend in der Textform zu verfassen und es gelten die folgenden Vorschriften der §§650j-o BGB.

---

[21] Vgl. (Das Europäische Parlament und der Rat der Europäischen Union, 2011, S. 304/67 Abs. 26)

[22] Vgl. (Haufe, 2018) & § 650o BGB

[23] Vgl. (Haufe, 2018) & (Derkum, 2019)

[24] Vgl. ebd. & (Kanzlei am Steinmarkt, 2017, S. 2-3)

[25] Vgl. (Kanzlei am Steinmarkt, 2017, S. 3)

5.2 Baubeschreibung

Die Regelung des § 650j BGB statuiert die Pflicht, bei Verbraucherbauverträgen die angebotene Leistung umfassend zu beschreiben. Dabei muss die Beschreibung klar und verständlich sein und wesentliche Eigenschaften wie die Art, der Umfang und die Qualität der Bauleistung hervor gehen.[26]

Für den Verbraucherbauvertrag gilt es als verpflichtend, dass der Unternehmer dem Verbraucher über die im Artikel 249 BGBEG aufgeführten Punkte in der dort vorgesehenen Form zu unterrichten hat. Eine Ausnahme gilt dann, wenn der Verbraucher oder ein von ihm Beauftragter die wesentlichen Planungsvorgaben stellt.[27] Der Unternehmer ist dazu verpflichtet den Verbraucher rechtzeitig vor Abgabe von dessen Vertragserklärung eine Baubeschreibung in Textform zur Verfügung zu stellen, sodass die Verbraucher genügend Zeit haben, um Angebote zu prüfen oder durch Dritte prüfen zu lassen und zu vergleichen.[28]

5.2.1 Inhalt der Baubeschreibung

Der Unternehmer hat gem. § 650j BGB die im Artikel 249 BGBEG aufgeführten Eigenschaften des Inhaltes der Baubeschreibung zu befolgen.

Der wörtliche Inhalt des Artikel 249 § 2 Abs. 1 BGBEG besagt:

„In der Baubeschreibung sind die wesentlichen Eigenschaften des angebotenen Werks in klarer Weise dazustellen."

Die Baubeschreibung muss gem. der obigen Regelung mindestens folgende Informationen enthalten:

1. Allgemeine Beschreibung des herzustellenden Gebäudes oder der vorzunehmenden Umbauten, gegebenenfalls Haustyp und Bauweise, sowie der Ausbaustufe
2. Gebäudedaten, Pläne mit Raum- und Flächenangaben sowie Ansichten, Grundrisse und Schnitte,
3. Gegebenenfalls Angaben zum Energie-, Brandschutz- und zum Schallschutzstandard, sowie zur Bauphysik,
4. Angaben zur Beschreibung der Baukonstruktion aller wesentlichen Gewerke,
5. Ggfs. Beschreibung des Innenausbaus,
6. Ggfs. Beschreibung der gebäudetechnischen Anlagen
7. Angaben zur Qualitätsmerkmalen, denen das Gebäude oder der Umbau genügen muss,
8. Ggfs. Beschreibung der Sanitärobjekte, der Armaturen, der Elektroanlage, der Installationen, der Informationstechnologie und der Außenanlagen.

Angesichts der Vielfältigkeit von Bauvorhaben, welche zu dem in technischer Hinsicht dem stetigen Wandel unterworfen sind, ist es nicht möglich, eine abschließende Auflistung aller notwendigen Inhalte der Baubeschreibung im Gesetz festzuhalten.[29] Aus dem genannten Grund gilt

---

[26] Vgl. (Schulz, 2019) & Artikel 249 § 2 Abs. 1 S. 1-2 EGBGB

[27] Vgl. § 650j S. 1 BGB

[28] Vgl. Artikel 249 § 1 S. 1 BGBEG & § 650k Abs. 3 BGB

[29] Vgl. (Deutsche Bundesregierung, 2016, S. 73)

die Generalklausel im Artikel 249 § 2 S. 1 EGBGB, welche besagt, dass die wesentlichen Eigenschaften des angebotenen Werks in klarer Weise darzustellen sind.

Umfasst ein Werk Eigenschaften, die nicht in den Aufzählungen des § 2 S. 2 EGBGB aufgeführt worden sind, aber als wesentlich anzusehen sind, so sind diese ebenfalls verpflichtend in der Baubeschreibung aufzuführen.[30]

Neben den Angaben über die wesentlichen Eigenschaften des Bauvorhabens, hat die Baubeschreibung verbindliche Angaben zum Zeitpunkt der Fertigstellung des Werks zu enthalten. Sollte dieser Zeitpunkt noch nicht feststehen, so ist die Dauer des Bauvorhabens anzugeben.[31]

5.2.2 Zweck der Baubeschreibung

Die Baubeschreibung ist ein wichtiger Bestandteil des Bau- und Verbraucherbauvertrags, denn Sie enthält sämtliche Auskünfte über das Bauvorhaben. Sie ist von Relevanz bei der Beschreibung des Bauvorhabens gegenüber Kreditgebern zur Finanzierung, bei Grundstückskäufen oder dem Kauf von schlüsselfertigen Immobilien eines Bauträgers. Und auch bei dem Baugenehmigungsverfahren ist eine Baubeschreibung vorausgesetzt.

Allgemein gibt die Baubeschreibung Auskunft über sämtliche Leistungen und den genauen Leistungsumfang die vom Unternehmer bei Vertragsabschluss geschuldet werden. Darüber hinaus können ihr auch Haftungsausschlüsse und Änderungsbedingungen entnommen werden.

„Die Pflicht zur Erstellung der Baubeschreibung, die gemäß § 650k BGB zum Inhalt des Vertrags wird, schützt die aufgrund von Verkaufsprospekten und/oder Verhandlungen entstandenen und gerechtfertigten Erwartungen des Bestellers (Verbrauchers) und ermöglicht darüber hinaus eine Überprüfung der angebotenen bzw. beschriebenen Leistung durch einen (sachverständigen) Dritten und einen Preis-/Leistungsvergleich."[32]

Auf Basis des Preis-/Leistungsvergleiches soll auch, nach Intention des Gesetzgebers, der Wettbewerb gefördert werden. Im Übrigen sieht der Gesetzgeber den Verbraucher als besonders Schutzwürdig an, vor allem im Hinblick auf die Finanzierung des Bauvorhabens, der Kündigung des bisherigen Mietverhältnisses, die Planung eines Umzuges und weiterer Aktionen, für welche frühzeitige und verlässliche Informationen über die Beendigung bzw. Fertigstellung der Baumaßnahme benötigt werden.[33] Aus diesem Grund schreibt der Gesetzesgeber verbindliche Angaben zur Fertigstellung des Werks vor.[34]

---

[30] Vgl. (Deutsche Bundesregierung, 2016, S. 73)

[31] Vgl. Artikel 249 § 2 Abs. 2 S. 1-2 BGBEG

[32] (Schulz, 2019)

[33] Vgl. (Schulz, 2019) & (Deutsche Bundesregierung, 2016, S. 62 Abs. 3)

[34] Vgl. § 650k Abs. 3 S. 1 BGB

5.3 Inhalt des Vertrags

Die vorvertraglich bereits zu Verfügung gestellte Baubeschreibung in Bezug auf die Bauausführung wird Inhalt des Vertrags.[35] Diese Regelung soll den Verbraucher davor schützen, dass die vorvertraglich verbreitete und werbende Baubeschreibung nicht hinterrücks abweichend geändert werden kann.[36] Eine Änderung des Inhaltes der Baubeschreibung unterliegt einer ausdrücklichen Vereinbarung beider Vertragsparteien.[37]

Kommt es zu Unvollständigkeiten und/ oder Unklarheiten in der Baubeschreibung, so dass diese nicht den Anforderungen des Artikel 249 § 2 EGBGB genügt, so enthält § 650k Abs. 2 BGB zwei Auslegungsregeln, welche Abhilfe schaffen sollen.

Die Auslegungsregel im § 650k Abs. 2 S. 1 BGB besagt, dass bei unvollständigen oder unklaren Baubeschreibungen, der Vertrag so auszulegen ist, dass dieser nach übriger Leistungsbeschreibung unter Berücksichtigung des Komfort- und Qualitätsstandards auszulegen ist.

Damit verfolgt der Gesetzesgeber das Ziel, den Vertrag bei Mängeln in der Baubeschreibung möglichst aufrechtzuerhalten. Unklarheiten sollen so bereinigt und Lücken gefüllt werden, wie es dem wesentlichen Leistungsniveau der Baubeschreibung entspricht. Somit muss sich der Verbraucher nicht mit minderwertigeren Qualitäten begnügen und kann von einer möglichen Kündigung absehen, weil der Unternehmer einer Anpassung des Vertrags mit dem übrigen Niveau der Leistungen verweigert.[38]

Sofern Zweifel an der Auslegung des Vertrags bezüglich der vom Unternehmer geschuldeten Leistung verbleiben, gehen diese zu dessen Last.[39]

Darüber hinaus kann dem Verbraucher bei einer Verletzung der Baubeschreibung ein Schadensersatzanspruch nach allgemeinen Regelungen (§ 311 Abs. 2 BGB & § 280 Abs. 1 BGB) zustehen, da die Baubeschreibungspflicht eine vorvertragliche Pflicht darstellt.[40]

Wie zuvor im Kapitel 5.2.2 erwähnt, sieht der Gesetzgeber eine verbindliche Angabe zum Vollendungszeitpunkt oder wenigstens zur Dauer der Bauausführung im Verbraucherbauvertrag vor.[41] Lässt sich dem Verbraucherbauvertrag keine Zeitangabe entnehmen, so ist der Vollendungszeitpunkt bzw. die Angabe über die Dauer der Bauausführung aus der vorvertraglichen Baubeschreibung zu entnehmen und es wird Inhalt des Vertrages.[42] Sofern weder dem Verbraucherbauvertrag geschweige der vorvertraglichen Baubeschreibung eine zeitliche Angabe zu entnehmen ist, greift der § 271 Abs. 1 BGB. Hiernach hat der Schuldner (Unternehmer) nach Vertragsschluss mit der Bauausführung alsbald zu beginnen und diese in angemessener Zeit zu Ende zu bringen.

Hinsichtlich der Rechtsfolgen einer nicht eingehaltenen Vereinbarung zum Fertigstellungzeitpunkt oder zur Dauer der Bauausführung geltend grundsätzlich die allgemeinen Regelungen zum

---

[35] Vgl. § 650k Abs. 1 BGB

[36] Vgl. (Schulz, 2019)

[37] Vgl. § 650k Abs. 1 BGB

[38] Vgl. (Deutsche Bundesregierung, 2016, S. 62)

[39] Vgl. § 650k Abs. 2 S. 2 BGB

[40] (Deutsche Bundesregierung, 2016, S. 63)

[41] Vgl. § 650k Abs. 3 S. 1 BGB

[42] Vgl. § 650k Abs. 3 S. 2 BGB

Schuldnerverzug (§§ 286 ff. BGB).[43] Für den Fall, dass bereits eine Teilleistung bewirkt, aber offensichtlich ist, dass das Fertigstellungsdatum nicht eingehalten wird, bietet allerdings das Rücktrittsrecht nach § 323 Absatz 5 BGB keine für den Bauvertrag geeignete Lösung, denn beide Parteien sind in diesem Fall in der Regel nicht mehr an einer Rückabwicklung des Vertrags interessiert. Zusätzlich steht dem Besteller ein Kündigungsrecht aus wichtigem Grund nach § 648a Absatz 1 BGB zu.[44] Ein wichtiger Grund liegt nach Gesetz dann vor, wenn dem kündigen Teil unter Berücksichtigung aller Umstände des Einzelfalls und unter Abwägung der beiderseitigen Interessen die Fortsetzung des Vertragsverhältnisses bis zur Fertigstellung des Werks nicht zugemutet werden kann.[45]

5.4 Widerrufsrecht

Dem Verbraucher steht gem. § 355 BGB ein Widerrufsrecht bei Verbraucherverträgen zu, sofern der Vertrag nicht gem. § 650l S. 1 BGB notariell beurkundet wurde. Über das vorhandene Widerrufsrecht hat der Unternehmer den oftmals unerfahrenen Verbraucher nach Maßgabe des Artikel 249 § 3 EGBGB zu belehren.[46]

Der Artikel 249 § 3 EGBGB regelt die zeitlichen und formalen Anforderungen an die Widerrufsbelehrung näher und sieht vor, dass der Unternehmer bei Verwendung der als Anlage 10 hinzugefügten Musterwiderrufsbelehrung seiner gesetzlichen Belehrungspflicht genügt.[47]

Widerrufsbelehrung

Widerrufsrecht

Sie haben das Recht, binnen 14 Tagen ohne Angabe von Gründen diesen Vertrag zu widerrufen.

Die Widerrufsfrist beträgt 14 Tage ab dem Tag des Vertragsabschlusses. Sie beginnt nicht zu laufen, bevor Sie diese Belehrung in Textform erhalten haben.

Um Ihr Widerrufsrecht auszuüben, müssen Sie uns (*) mittels einer eindeutigen Erklärung (z. B. Brief, Telefax oder E-Mail) über Ihren Entschluss, diesen Vertrag zu widerrufen, informieren.

Zur Wahrung der Widerrufsfrist reicht es aus, dass Sie die Erklärung über die Ausübung des Widerrufsrechts vor Ablauf der Widerrufsfrist absenden.

Folgen des Widerrufs

Wenn Sie diesen Vertrag widerrufen, haben wir Ihnen alle Zahlungen, die wir von Ihnen erhalten haben, unverzüglich zurückzuzahlen.

Sie müssen uns im Falle des Widerrufs alle Leistungen zurückgeben, die Sie bis zum Widerruf von uns erhalten haben. Ist die Rückgewähr einer Leistung ihrer Natur nach ausgeschlossen, lassen sich etwa verwendete Baumaterialien nicht ohne Zerstörung entfernen, müssen Sie Wertersatz dafür bezahlen.

Gestaltungshinweis:

*   Fügen Sie Ihren Namen oder den Namen Ihres Unternehmens, Ihre Anschrift und Ihre Telefonnummer ein. Sofern verfügbar sind zusätzlich anzugeben: Ihre Telefaxnummer und E-Mail-Adresse.

Abbildung 5-1: Muster für die Widerrufsbelehrung bei Verbraucherbauverträgen.[48]

---

[43] (Deutsche Bundesregierung, 2016, S. 63 Abs. 3 S. 1)

[44] (Deutsche Bundesregierung, 2016, S. 63 Abs. 3 S. 2-3)

[45] Vgl. § 648a Abs. 1 S. 2 BGB

[46] Vgl. 650l S. 2 BGB

[47] (Deutsche Bundesregierung, 2016, S. 63)

[48] (Deutsche Bundesregierung, 2016, S. 23)

Der Verbraucher hat somit das Recht innerhalb von 14 Tagen nach Vertragsschluss ohne Angabe von Gründen von der vertraglich festgehaltenen Willenserklärung zurückzutreten.[49] Die 14-tägige Widerrufsfrist beginnt nicht, bevor der Unternehmer den Verbraucher gem. Artikel 249 § 3 EGBGB über seine Rechte informiert hat und endet spätestens zwölf Monate und 14 Tage nach dem Vertragsschluss, soweit nichts anderes bestimmt ist.[50] Der Widerruf erfolgt durch Erklärung gegenüber dem Unternehmer, bei welcher der Entschluss zum Widerruf des Vertrags eindeutig hervorgeht.[51]

Macht der Verbraucher von dem ihm eingeräumten Widerrufsrecht fristgerecht gebrauch, gelten die Rechtsfolgen infolge des Widerrufsrecht bei Verbraucherverträgen (§ 355 BGB und ergänzend § 357d BGB).

Aus dem Gesetzestext geht hervor, dass sowohl der Verbraucher als auch der Unternehmer von ihren Willenserklärungen zurücktreten und nicht mehr vertraglich gebunden sind, wenn der Verbraucher von seinem Widerrufsrecht Gebrauch macht.[52] Es kommt zu einem Rückgewährschuldverhältnis, wobei die erhaltenen Leistungen unverzüglich wechselseitig zurück zu gewähren sind.[53]

Da die erbrachten Leistungen oft in Form von Bauleistungen, auf dem Grundstück des Verbrauchers, durchgeführt wurden, führen diese zu einem Wertzuwachs auf Seiten des Verbrauchers, der im Fall eines Widerrufs oft nicht entsprechend § 355 Abs. 3 BGB zurückgewährt werden kann. Dies ist beispielsweise beim Aushub einer Baugrube, dem Betonieren von Fundamenten oder der Errichtung eines Dachstuhls der Fall.[54]

Ist die Rückgewähr, wie bei den zuvor genannten Beispielen, der bis zum Widerruf erbrachten Leistungen ihrer Natur nach ausgeschlossen, so schuldet der Verbraucher dem Unternehmer Wertersatz.[55] Bei der Berechnung des Wertersatzes ist die vereinbarte Vergütung zugrunde zu legen. Ist diese Vergütung unverhältnismäßig hoch, ist der Wertersatz auf der Grundlage des Marktwertes der erbrachten Leistungen zu berechnen.[56] Es gelten die allgemeinen Rechtsfolgen des Widerrufs von außerhalb von Geschäftsräumen geschlossenen Verträgen und Fernabsatzverträgen mit Ausnahme von Verträgen über Finanzdienstleistungen §§ 357 ff. BGB.

Gründe für die Einführung des Widerrufsrechtes waren insbesondere zeitlich begrenzte Rabattangebote, bei denen Verbraucher mit Blick auf die kurze Entscheidungsfrist zu schnellen Vertragsabschlüssen gedrängt wurden. Aber auch dadurch, dass der Gesetzesgeber den Bauherrn als eher unerfahren ansieht und somit eine gewisse Existenzabsicherung nach Vertragsabschluss verspricht.

---

[49] Vgl. § 355 Abs. 1 S. 1 & Abs. 2 BGB

[50] Vgl. § 356e BGB § § 355 Abs. 2 S. 2 BGB

[51] Vgl. § 355 Abs. S. 2-3 BGB

[52] Vgl. § 355 Abs. 1 S. 1 BGB

[53] Vgl. § 346 BGB

[54] Vgl. (Deutsche Bundesregierung, 2016, S. 38)

[55] Vgl. § 357d S. 1 BGB

[56] § 357d S. 2-3 BGB

5.5 Anspruch auf Abschlagszahlungen und Absicherung des Vergütungsanspruchs

Mit dem § 650m BGB wird ab der Reform 2018 eine neue Regelung für Ansprüche auf Abschlagzahlungen und für die Absicherung von Vergütungsansprüchen eingefügt. Die neue Regelung steht im Zusammenhang mit dem reformierten § 632a BGB, nach welchen der Werkunternehmer vom Besteller Abschlagszahlungen verlangen kann.[57]

Laut Definition wird eine Abschlagszahlung dann fällig, wenn ein Auftragnehmer bzw. ein Unternehmer einen Teil seiner Arbeit verrichtet oder einen Teil einer Ware geliefert hat. Diese Art von Zahlung ist auch als Akontozahlung bekannt und ist eine Form von Teilzahlungen. Sobald der Unternehmer seine gesamte Leistung erbracht oder seine Ware geliefert hat, muss diese vom Auftraggeber bzw. Verbraucher vollständig bezahlt werden.

Abschlagzahlungen sind bei Geschäften des täglichen Lebens nahezu gar nicht auffindbar, für der Baubranche hingegen stehen Sie an der Tagesordnung. Ausgangsgegenstand für Abschlagzahlungen sind in der Regel Werkverträge oder auch Bau- und Verbraucherbauverträge, welche alle die Vertragseigenschaft haben, dass nach Vertragsabschluss vom Unternehmer eine Herstellung oder Veränderung eines versprochenen Werkes geschuldet wird.[58] Das herzustellende Werk ist nicht selten mit großen finanziellen Aufwendungen über eine lange Herstellungsdauer verbunden, die der Unternehmer vorerst zu tragen hat. Das bedeutet, dass der Unternehmer vorweg risikobehaftet handeln muss.

Die mit der Herstellung einhergehenden Kosten sollen mittels Abschlagzahlungen für den Unternehmer besser handhabbar sein. Sie stellen eine Art von Teilzahlungen dar, die beim Kauf eines Produktes oder einer Dienstleitung vorab oder am Arbeitsfortschritt bemessen, an den Leistungsanbieter (Unternehmer) zu zahlen sind.

Aus der gesetzlichen Regelung der Abschlagzahlungen geht hervor, dass der Unternehmer vom Besteller eine Abschlagszahlung in Höhe des Wertes der von ihm erbrachten und nach dem Vertrag geschuldeten Leistung verlangen kann. Sind die vom Unternehmer geforderten Leistungen nicht vertragsgemäß durchgeführt worden, so hat der Besteller das Recht, einen angemessenen Teil des Abschlags zu verweigern.[59]

Ausschließlich für den Verbraucherbauvertrag gelten durch den § 650m BGB gesonderte Regelungen für die Abschlagszahlungen, welche den § 632a BGB eingrenzen.

§ 650m Abs. 1 BGB stellt eine Verbraucher-Schutzvorschrift auf, in dem Moment, wo der Unternehmer eine Abschlagszahlung vom Verbraucher verlangt. Gemäß der Regelung darf der Gesamtbetrag der Abschlagszahlungen nicht mehr als 90% der vereinbarten Gesamtvergütung einschließlich der Vergütung für Nachtragsleistungen nach § 650c BGB betragen. Dem Besteller wird somit eine 10%ige Vertragserfüllungssicherheit eingeräumt, wodurch der Gesetzgeber dem Risiko vorbeugen möchte, dass es durch überhöhte Abschlagszahlungen zu versteckten Voraus-

---

[57] Vgl. (Linz, 2019)

[58] Vgl. §§ 631 Abs. 1-2, 650i Abs. 1 BGB

[59] Vgl. § 632a Abs. 1 S. 1-2 BGB

zahlungen kommt, bei denen der fachlich unkundige Verbraucher regelmäßig nicht ohne Weiteres erkennen kann, ob die Höhe der Abschlagszahlung zutreffend berechnet wurde.[60] Die restlichen 10% der Gesamtvergütung müssen erst mit der mängelfreien Abnahme des Werks entrichtet werden.[61] Kann der Besteller die Beseitigung eines Mangels verlangen, so kann er nach der Fälligkeit die Zahlung eines angemessenen Teils der Vergütung verweigern, angemessen ist in der Regel das Doppelte der für die Beseitigung des Mangels erforderlichen Kosten.[62]

Abweichende Regelungen im Vertrag sind, sofern sie sich in den Allgemeinen Geschäftsbedingungen des Unternehmers befinden, unwirksam. Auch soweit eine Abweichung von den gesetzlichen Vorschriften zulässig ist, sind sie in Allgemeinen Geschäftsbedingungen unwirksam, wenn einer Bestimmung nach, der Verwender bei einem Werkvertrag oder werkvertragsähnlichen Verträgen:

    a) für Teilleistungen Abschlagszahlungen vom anderen Vertragsteil verlangen kann, die wesentlich höher sind als die nach § 632a Abs. 1 BGB, 650m Abs.1 BGB zu leistenden Abschlagszahlungen, oder

    b) die Sicherheitsleistung nach § 650m Abs. 2 BGB nicht oder nur in geringerer Höhe leisten muss.[63]

Zusätzlich wird dem Verbraucher im Moment der ersten Abschlagszahlung gem. § 650m Abs. 2 BGB das Recht eingeräumt, eine weitere Vertragserfüllungssicherheit in der Höhe von 5% der der vereinbarten Gesamtvergütung zu verlangen. Diese fünf Prozent hat der Unternehmer dem Verbraucher zur Sicherheit für die rechtzeitige Herstellung des Werks ohne wesentliche Mängel zu leisten.[64]

Sollte sich der Vergütungsanspruch in Folge einer Anordnung des Verbrauchers nach den § 650b BGB, § 650c BGB oder infolge sonstiger Änderungen oder Ergänzungen um mehr als 10% erhöhen, ist dem Verbraucher im Moment der nächstfolgenden Abschlagzahlung eine weitere Sicherheit in Höhe von 5% des zusätzlichen Vergütungsanspruchs zu leisten.[65]

Nach § 650m Abs. 3 BGB können die zu leistenden Sicherheiten aus dem Abs. 2 durch eine Bürgschaft gestellt werden, auf Verlangen des Werkunternehmers aber auch durch einen Einbehalt. Der Verbraucher darf dann die Zahlung bis zum Gesamtbetrag des Einbehalts zurückhalten.[66]

Der Unternehmer erhält im Ergebnis maximal 90% der Gesamtvergütung, abzüglich der als Vertragserfüllungssicherheit einbehaltenen 5% des Gesamtvergütungsanspruches.[67] Letzten Endes stehen dem Verbraucher durch das Gesetz eine Vertragserfüllungssicherheit von insgesamt 15% bis zur vollständigen Leistungserbringung des Unternehmers zu.[68] Sind die erbrachten Leistun-

---

[60] Vgl. (Amelsberg, 2018)

[61] Vgl. § 641 Abs. 1 BGB

[62] § 641 Abs. 3 BGB

[63] Vgl. § 309 Nr. 15 BGB

[64] Vgl. § 650m Abs. 2 S. 1 BGB

[65] Vgl. § 650m Abs. 2 S. 2 BGB

[66] (Linz, 2019)

[67] Vgl. § 650m Abs. 1-2 BGB

[68] Vgl. ebd.

gen nicht vertragsgemäß, kann der Besteller die Zahlung eines angemessenen Teils des Abschlags verweigern. Die Beweislast für die vertragsgemäße Leistung verbleibt bis zu Abnahme beim Unternehmer.[69]

Doch nicht nur dem Verbraucher steht eine Vertragserfüllungssicherheit zu. Auch der Unternehmer kann eine Sicherheit seines Vergütungsanspruchs von dem Besteller fordern, jedoch nur in Höhe des vereinbarten Vergütungsanspruchs der nächsten Abschlagzahlung oder pauschal in Höhe von 20% der Gesamtvergütung.[70]

5.6 Erstellung und Herausgabe von Unterlagen

Da der Verbraucher sämtliche (Planungs-)Unterlagen neben dem Eigenbedarf für die Rechtfertigung gegenüber Behörden und Dritten benötigt, schreibt der § 650n BGB dem Unternehmer die Erstellung und Herausgabe von Unterlagen vor. Das neue Bauvertragsrecht regelt erstmals konkret den Anspruch des Bestellers auf Erstellung und Herausgabe von Unterlagen einer Baumaßnahme.[71]

Vor Beginn der Ausführung einer geschuldeten Bauleistung kann der Verbraucher den Unternehmer dazu verpflichten, sämtliche Planungsunterlagen zu erstellen und rechtzeitig herauszugeben, sodass der Verbraucher gegenüber Behörden den Nachweis führen kann, dass die zu erbringenden Leistungen entsprechend der einschlägigen öffentlich-rechtlichen Vorschrift durchgeführt werden wird.[72] Die Gesetzesbegründung führt dazu, dass der Verbraucher dadurch in die Lage versetzt werden soll, schon in der Bauphase oder gar in der Planungsphase die Einhaltung der öffentlich-rechtlichen Vorschriften überprüfen zu lassen.[73] Von dieser Pflicht wird abgesehen, sofern der Verbraucher oder ein von ihm Beauftragter die wesentlichen Planungsvorgaben erstellt.[74]

Auch nach der Durchführung eines Bauvorhabens kann die Notwendigkeit zur Rechtfertigung bestehen. Darum hat spätestens mit der Fertigstellung des Werks der Unternehmer jene Unterlagen zu erstellen und dem Verbraucher auszuhändigen, die dieser benötigt, um gegenüber Behörden den Nachweis führen zu können, dass die erbrachten Leistungen unter Einhaltung der Vorschriften ausgeführt worden sind.[75] Neben der Rechtfertigung gegenüber Behörden könnte der Verbraucher die Unterlagen auch für die spätere Bauabnahme, Unterhaltung, Instandhaltung oder den Umbau des Werks benötigen.

Nach § 650n Abs. 3 BGB gelten die zuvor aufgeführten Regelungen (§ 650n Abs. 1-2 BGB), wenn ein Dritter, etwa ein Darlehensgeber, Nachweise für die Einhaltung bestimmter Bedingungen verlangt, mit denen der Unternehmer zuvor berechtigte Erwartungen des Verbrauchers geweckt hat, möglicherweise etwa durch entsprechende Werbung.

---

[69] § 632a Abs. 1 S. 2-3 BGB

[70] Vgl. § 650m Abs. 4 BGB

[71] (CBH Rechtsanwälte Cornelius Bartenbach Haesemann & Partner Partnerschaft von Rechtsanwälten mbB, 2017)

[72] Vgl. § 650n Abs. 1 S. 1 BGB

[73] Vgl. (Greiner, 2019)

[74] Vgl. § 650n Abs. 1. S. 2 BGB

[75] Vgl. § 650n Abs. 2 BGB

Die Regelung des § 650n BGB n.F. bezieht sich zum jetzigen Zeitpunkt lediglich auf jene Unterlagen, die der Verbraucher gegenüber den Behörden zum Nachweis der Einhaltung der einschlägigen öffentlich-rechtlichen Vorschriften benötigt, etwa der Erlangung der Baugenehmigung oder der Standsicherheits-, Brandschutz-, Schallschutz- und Wärmeschutznachweise.[76]

Nicht in der Regelung erfasst sind die Unterlagen, die nicht gegenüber Behörden benötigt werden, z.B. die eigentliche Ausführungsplanung, die Fachplanung, Prüfprotokolle oder Bedienungs- und Wartungsanleitungen.[77] Um mögliche weitere Unterlagen einzufordern, muss von weiteren Anspruchsgrundlagen Gebrauch gemacht werden, in denen die Herausgabe der einzelnen Unterlagen gefordert wird, z.B. durch vertragliche Nebenpflichten.[78]

Welche Unterlagen im einzelnen geschuldet sind, hängt vom Einzelfall ab und ist notfalls aufgrund der Auskunft eines Sachverständigen oder einer Behördenaufsicht zu klären, da zunächst immer die Frage besteht, welche Unterlagen aus technischer Sicht benötigt werden, um eine Abnahmereife des Bauwerks zu erkennen.[79] Im Allgemeinen sollte vor Vertragsschluss möglichst umfangreich geregelt sein, welche Unterlagen vom Unternehmer geschuldet werden, um die Rechtfertigung vor Behörden durchführen zu können und um die Abnahmereife des Gewerks zu erkennen.

Ohne die Herausgabe der erforderlichen Unterlagen könnte die Abnahme des Gewerks durch den Verbraucher verweigert werden (Leistungsverweigerungsrecht), was sich zum Nachteil des Unternehmers ausüben kann.[80] Der Nachteil liegt darin, dass grundsätzlich noch keine Schlussrechnung des Unternehmers gestellt werden kann und die Gewährleistungsfrist (von 5 Jahren gem. BGB[81]) noch nicht zu laufen beginnt, trotz dass das Bauwerk schon fertiggestellt ist, da sich der Unternehmer durch den Kaufvertrag gegenüber dem Käufer dazu verpflichtet hat, dem Käufer die Sache frei von Sach- oder Rechtsmängeln zu übergeben und das Eigentum an der Sache zu verschaffen.[82]

5.7 Abweichende Vereinbarungen

Die Regelung des § 650o BGB schließt die Vorschriften zum Werkvertrag und den werkvertragsähnlichen Vertragstypen ab und bildet damit eine Zäsur des Kapitels.[83] Die Regelung unterliegt im Bürgerlichen Gesetzbuch einem eigenen Kapitel und ist dadurch zu begründen, dass die Vorschrift sich nicht nur auf die Regelung des Verbraucherbauvertrags bezieht.

Inhaltlich bestimmt die Regelung des § 650o BGB, dass alle von den verbraucherschützenden Vorschriften der § 640 Abs. 2 S. 2 BGB , §§ 650l-n BGB und § 650n BGB weder formularvertraglich noch individualvertraglich zu Lasten des Verbrauchers abgeändert werden können, wohl

---

[76] Vgl. (Greiner, 2019)

[77] Vgl. ebd.

[78] Vgl. ebd.

[79] (Haustec, 2018)

[80] Vgl. § 320 Abs. 1 S. 1 & § 640 Abs. 1 S. 1 BGB

[81] § 438 Abs. 1 Nr. 2 BGB

[82] Vgl. § 438 Abs. 2 BGB & § 433 Abs. 1 BGB

[83] Vgl. (Mattern, 2019)

aber ist eine abändernde Vereinbarung zum Nachteil des Unternehmers möglich.[84] Es gelten die Regelungen des § 309 BGB, welche Klauselverbote in verschiedenen Formen vorschreiben.

Die enumerative Verweisung auf einzelne Normen macht im Umkehrschluss deutlich, dass von allen nicht in § 650o BGB genannten Vorschriften unter einbehalten sonstiger Regelungen grundsätzlich abgewichen werden kann, sofern der Vertragspartner nicht durch Allgemeine Geschäftsbedingungen unangemessen benachteiligt wird.[85]

Es handelt sich um ein zwingendes einseitiges Recht, welches der Gesetzgeber aufgrund der dem Verbraucher regelmäßig fehlenden Verhandlungsmacht für erforderlich hält.[86]

---

[84] Vgl. (Kanzlei am Steinmarkt, 2017) & § 650o BGB

[85] Vgl. (Mattern, 2019) & § 309 BGB

[86] Vgl. ebd.

6 Literaturverzeichnis

Amelsberg, W. (2018). Das neue Bauvertragsrecht / 1.3.5 § 650m BGB – Abschlagszahlungen; Absicherung des Vergütungsanspruchs. Abgerufen am 11 2019 von https://www.haufe.de/recht/deutsches-anwalt-office-premium/das-neue-bauvertragsrecht-135-650m-bgb-abschlagszahlungen-absicherung-des-verguetungsanspruchs_idesk_PI17574_HI11348951.html

Bremer Inkasso GmbH. (30. 04 2018). Presseportal - Gesetzliche Neuerungen zur Abschlagszahlung. Abgerufen am 11 2019 von https://www.presseportal.de/pm/82718/3931430

Bundesministerium der Justiz und für Verbraucherschutz. (12. 02 2018). Bundesministerium der Justiz und für Verbraucherschutz - Bauvertragsrecht ab dem 1. Januar 2018. Abgerufen am 11 2019 von https://www.bmjv.de/DE/Verbraucherportal/WohnenEnergie/Baurecht/Baurechtl_node.html

Bundesministerium der Justiz und für Verbraucherschutz. (28. 04 2018). Bundesministerium der Justiz und für Verbraucherschutz - Gesetz zur Reform des Bauvertragsrechts und zur Änderung der kaufrechtlichen Mängelhaftung. Abgerufen am 11 2019 von https://www.bmjv.de/SharedDocs/Gesetzgebungsverfahren/DE/Bauvertragsrecht.html;jsessionid=A346A978FB20E02BDC34A8CFCECFE623.1_cid334?nn=10483024

Bundesministerium der Justiz und für Verbraucherschutz; Bundesamt für Jusitz. (18. 12 2018). Gesetze im Internet - Einführungsgesetz zum Bürgerlichen Gesetzbuche. Abgerufen am 2019 11 von https://www.gesetze-im-internet.de/bgbeg/BJNR006049896.html

Bundesministerium der Justiz und Verbraucherschutz. (18. 12 2018). Einführungsgesetz zum Bürgerlichen Gesetzbuche. Abgerufen am 11 2019 von https://www.gesetze-im-internet.de/bgbeg/EGBGB.pdf

Bundesministeriums der Justiz und für Verbraucherschutz; Bundesamt für Justiz. (20. 11 2019). Gesetze im Internet - Bürgerliches Gesetzbuch. Abgerufen am 11 2019 von http://www.gesetze-im-internet.de/bgb/BGB.pdf

CBH Rechtsanwälte Cornelius Bartenbach Haesemann & Partner Partnerschaft von Rechtsanwälten mbB. (2017). Abgerufen am 11 2019 von https://www.cbh.de/news/bau-immobilien/baurechtsreform-§-650n-bgb-n-f-erstellung-und-herausgabe-von-unterlagen/

Das Europäische Parlament und der Rat der Europäischen Union. (25. 10 2011). Richtlinie 2011/83/EU des Europäischen Parlaments und des Rates. Abgerufen am 11 2018 von https://eur-lex.europa.eu/LexUriServ/LexUriServ.do?uri=OJ:L:2011:304:0064:0088:de:PDF

Derkum, B. (2019). Neues Baurecht - Kurzkommentar. Abgerufen am 11 2019 von https://neues-baurecht.de/kurzkommentar/

Deutsche Bundesregierung. (18. 05 2016). Gesetzentwurf der Bundesregierung - Entwurf eines Gesetzes zur Reform des Bauvertragsrechts und zur Änderung der kaufrechtlichen Mängelhaftung (Drucksache 18/8486). Abgerufen am 11 2019 von https://www.bmjv.de/SharedDocs/Gesetzgebungsverfahren/Dokumente/RegE_Bauvertragsrecht.pdf?__blob=publicationFile&v=1

Greiner, J. (2019). Neues Baurecht - Kurzkommentar. Abgerufen am 11 2019 von
https://neues-baurecht.de/kurzkommentar/

Haufe. (22. 01 2018). Neues Bauvertragsrecht seit dem 1.1.2018. Abgerufen am 11 2019 von
https://www.haufe.de/recht/weitere-rechtsgebiete/wirtschaftsrecht/reform-des-
maengelgewaehrleistungs-und-des-bauvertragsrechts_210_348264.html

Haustec. (19. 03 2018). Haustec - Fachportal für Gebäudetechnik - Tipp vom Anwalt: Diese
Unterlagen schulden Sie dem Bauherrn. Abgerufen am 11 2019 von
https://www.haustec.de/management/normen-recht/tipp-vom-anwalt-diese-unterlagen-
schulden-sie-dem-bauherrn

Herzog, A. (06 2018). Zeitschrift für das Juristische Studium . Abgerufen am 11 2019 von
http://www.zjs-online.com/dat/ausgabe/2018_6.pdf

Kanzlei am Steinmarkt. (12 2017). Bauvertragsreform 2018 – Verbraucherbauvertrag, § 650i
BGB – Teil III / Baurecht. Abgerufen am 11 2019 von http://www.kanzlei-am-
steinmarkt.de/files/Newsletter/2017/12-
2017%20Bauvertragsreform%202018_Teil%20III-BR.pdf

Kanzlei am Steinmarkt. (01. 01 2018). Das neue Bauvertragsrecht. Abgerufen am 11 2019 von
http://www.kanzlei-am-
steinmarkt.de/files/Skripte/Baurecht/90.%20Das%20neue%20BV-
Recht%202018_n.L._15.01.18.pdf

Linz, J. (2019). Neues Baurecht - Kurzkommentar. Abgerufen am 2019 11 von https://neues-
baurecht.de/kurzkommentar/

Mattern, D. (2019). Neues Baurecht - Kurzkommentar. Abgerufen am 11 2019 von
https://neues-baurecht.de/kurzkommentar/

Papp, A. (08. 01 2018). Neues Baurecht - Der Verbraucherbauvertrag. (Kappelmann
Rechtsanwälte) Abgerufen am 11 2019 von https://neues-baurecht.de/der-
verbraucherbauvertrag/

Schulz, M. (2019). Neues Baurecht - Kurzkommentar. Abgerufen am 11 2019 von
https://neues-baurecht.de/kurzkommentar/

Selle, S. (2019). Neues Baurecht - Kurzkommentar. Abgerufen am 11 2019 von https://neues-
baurecht.de/kurzkommentar/

Statista GmbH. (27. 11 2019). Statista - Anzahl der Unternehmen in Deutschland nach
Wirtschaftszweigen im Jahr 2017. Abgerufen am 12 2019 von
https://de.statista.com/statistik/daten/studie/1931/umfrage/unternehmen-nach-
wirtschaftszweigen/